このテキストは、『**ひとりだちするための算数・数学**』で習ったことをもとに、より多くの演習問題に取り組んでもらうためのテキストです。

学んだことはそのままにせず、繰り返し行うことではじめて身につきます。

巻末には解答例も付いていますので、難しい問題にも積極的にチャレンジしてみましょう。

●好きなページから取り組んでも大丈夫です。
●分からない問題や難しい問題は、解答例を見て考えてみましょう。
●同じようなタイプの問題が他のページにも出てくるので、その時に解けるようにしましょう。

※時・問題などの繰り返し出てくる単位や言葉には、読みやすくするためにルビをふっていない箇所もあります。また、平均や仕事算等の問題もあります。

もくじ

1 長さ

2 重さ、量

3 表とグラフ

4 図形

1

聞(き)く・話(はな)すの基本(きほん)

1 あいさつ

朝起きてから夜寝るまで、さまざまな場面であいさつをします。気持ちよくあいさつすることが大切です。

1 さまざまな場面でのあいさつについて、□にあてはまる言葉を書きましょう。

❶ 朝起きたら

❷ 家を出発する時

❸ 学校に着いたら

❹ 学校を出る時

❺ 家に帰ってきたら

❻ ご飯を食べる時

❼ ご飯を食べ終わったら

❽ 夜寝る時

2 次のような場面では、どのようにあいさつしたらよいでしょうか。

□ にあてはまる言葉を書きましょう。

❶ 学校にいる時に、来客と会ったら

□

❷ 来客が遠くにいたり、エレベーターなど静かな場所ではどのようにあいさつしたらよいでしょうか。

□

❸ 夜、家の近所で知り合いに会った時

□

❹ 落とし物を拾ってもらった時

□

❺ 人にぶつかってしまった時

□

3 現場実習(げんばじっしゅう)でのあいさつです。[　　　]にあてはまる言葉(ことば)を、書(か)きましょう。

❶ 確認(かくにん)や、頼(たの)み事(ごと)をする時(とき)

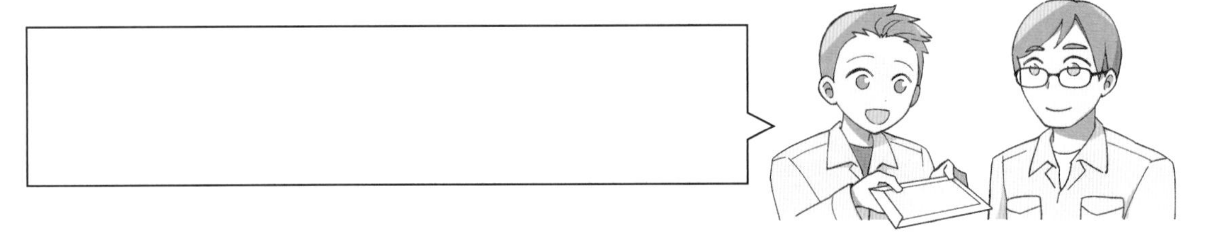

❷ 助(たす)けてもらったり、教(おし)えてもらった時

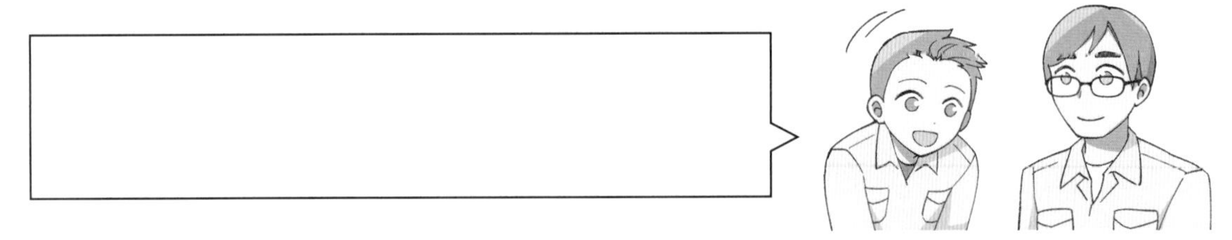

❸ 失敗(しっぱい)してしまった時

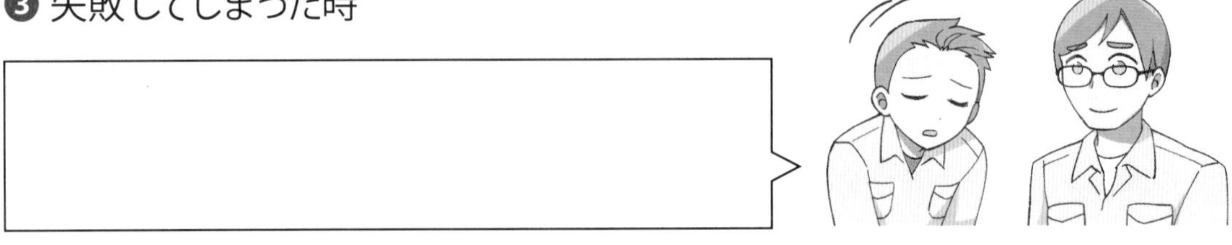

2 自己紹介

学校でクラス替えをした時や、面接、アルバイト先など、様々な場面で自己紹介をすることがあります。

1 自己紹介をする時にどんなことに気をつけたらよいでしょうか。（　）の中に、正しければ○、間違っていれば×を 書きましょう。

❶（　　　）相手の目を見るのは失礼なので、目を合わさずに話す。

❷（　　　）はっきりとした声で話す。

❸（　　　）聞き取りやすいように大きい声で話す。

❹（　　　）自分のことを、できるだけ長く詳しく話す。

❺（　　　）短い言葉で、わかりやすく話す。

❻（　　　）親しみやすくするために、敬語は使わない。

❼（　　　）なるべく小さい声で話す。

3 電話を使う

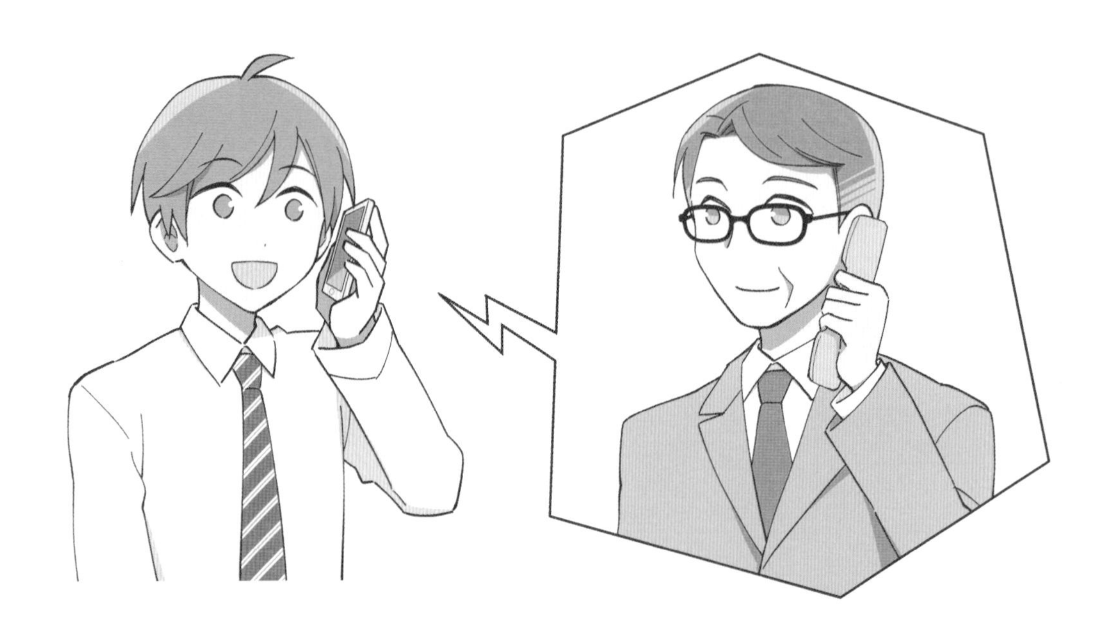

■1 電話を使う時は、どんなことに気をつけたらよいでしょうか。
［　　］にあてはまる言葉を、後ろの［　　］から選んで記号を書きましょう。

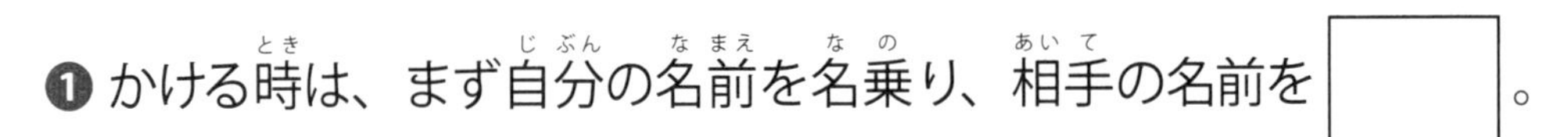

❶ かける時は、まず自分の名前を名乗り、相手の名前を［　　］。

❷ 相手の話は途中でさえぎらずに、［　　］。

❸ 大切なことや忘れてはいけないことは、［　　］。

ア　信じない　　イ　確かめる　　ウ　大きい声で話す
エ　メモをとる　　オ　最後まできく　　カ　ハッキリと断る

4 話をつなぐ言葉

1 次の会話の □ にあてはまる言葉を、後ろの ▒ から選んで記号を書きましょう。

❶「やっと試験が終わったね！」

「うん。□ 来週また別の試験があるよ。」

❷「買い物が終わったら、映画を見に行きたいな。」

「□ お腹が空いたよ。」

❸「次のバスの時間は分かりますか？」

「今すぐ出発した方がいいよ。□ 次のバスに間に合うよ。」

❹「週末はキャンプがあるから、雨が降らないといいね。」

「□ 雨が少し降っても、キャンプには行くつもりだよ！」

ア　でも　　イ　つまり　　ウ　たとえば　　エ　たとえ

オ　そうすれば　　カ　それよりも　　キ　また

●上の問題で選んでいない言葉を使って、文章を作ってみましょう。

2 次の会話の［　　］にあてはまる言葉を、後ろの［　　］から選んで記号を書きましょう。

❶「このあと一緒にカレーを食べに行こうよ。」

「ラーメンがいいな。［　　］、お昼にカレーを食べちゃったんだよ。」

❷「携帯電話のプランについて、分からないことがあったらどうしたらいいですか。」

「ご不明な点がありましたら、お電話か、［　　］メールでお問い合わせください。」

❷「そういえば明日は5月5日、、、［　　］子供の日ですね。」

❹「明日の試験が終わったら、何をする予定？」

「［　　］たくさんゲームがしたい！

［　　］マンガも読みたいし、友だちとプールに行きたいな。」

ア	というのは	イ	つまり	ウ	または		
エ	たとえば	オ	むしろ	カ	まずは	キ	それから

5 たとえを使った表現

1 次の文の □ にあてはまる言葉を、後ろの ▭ から選んで記号を書きましょう。

❶「○○君ってサッカーがうまいんだよ。」
「へえ。どんな風にうまいの?」
「なんでもできるけど、特にパスが最高なんだよ。
□ ように正確なんだ。」
「それはすごいね」

❷「○○さんは本当に明るい性格だよね。」
「うん。落ち込んでいるところを見たことないし、
いつもニコニコ笑っているもんね。」
「まるで □ のように明るい人だよね。」

❸「明日はお誕生日だね!」
「うん。遊園地に行って、お寿司を食べて、
ケーキを食べて、、、プレゼントももらえるんだ!」
「すごいね! □ のような1日だね。」

ア	お金をおろす	イ	コンビニ	ウ	月	エ	太陽
オ	針の穴を通す	カ	夢	キ	神様	ク	究極

1 次の絵を何かにたとえて伝えましょう。

「○○みたいな」「○○のような」を使って文を作りましょう。

❶

犬だね。

❷

雲だね。

❸

猫だね。

6 敬語

ていねい語

1 次の会話文の下線部を、ていねい語に書きかえましょう。

❶「私の好きな楽器はギターだ。」
↓

❷「話の内容は分かった？」
↓

❸「机の上に手紙があるよ。」
↓

ヒント

文の終わりに「です」「ます」をつけたり、言葉の最初に「お〜」「ご〜」をつけたりすると、ていねい語になるよ。

尊敬語

1 次の会話文の下線部を、尊敬語に書きかえましょう。

❶「校長先生が教室に来るよ。」
↓

❷「最初に、市長がその写真を見ます。」
↓

❸「先生がそのように言いました。」
↓

❹「知事がお祭りに参加するそうです。」
↓

ポイント

尊敬語は、相手のすることに対して、言い方を変えるんだね。

けんじょう語

1 次の会話文の下線部を、けんじょう語に書きかえましょう。

❶ 「母は来週の水曜日に学校に行きます。」

↓

❷ 「昨日、校長先生から賞状をもらった。」

↓

❸ 「私が案内します。」

↓

❹ 「私も見ていいですか？」

↓

ポイント

けんじょう語は、自分や身内のすることに対して言い方を変えるんだね。

7 頼みごとをする

1 次の会話の □ にあてはまる言葉を、後ろの から選んで記号を書きましょう。

幸子ちゃんが○○の本を持っているって聞いたんだ。
□ 、貸してもらえないかな？

いいけど、まだ読み途中なんだ。

実は来週までに感想文を書かないといけなくて、、、。
□ 、明日貸してもらうことはできるかな？

そういうことなら、いいよ。

ありがとう！

ア　たぶん　　イ　もしよければ　　ウ　とにかく

エ　とりあえず　　オ　読むのは後でもできると思うから

カ　読み途中のところ悪いんだけど

8 会話の並べかえ

1 次の会話を正しい順に並べかえて、□に記号を書きましょう。

❶

ア 「じゃあ先に帰ってるね」

イ 「うん、そうしよう。」

ウ 「今日も一緒に帰ろうよ。」

エ 「ごめん、忘れ物してた！」

□ → □ → □ → □

❷

ア 「え、そんなの知らない。それぼくが見たアニメと違うのだ。」

イ 「すごかったよね！特に主人公が突然別世界に行く所はびっくりした！」

ウ 「昨日のアニメ最高だったな。もう見た？」

□ → □ → □

❸

ア「はい。なんですか？」

イ「すいません。今30分ぐらい時間あるかな？」

ウ「ありがとう。すごく助かるよ。」

エ「委員会の資料作りを手伝ってもらいたいんだ。」

オ「はい、分かりました。」

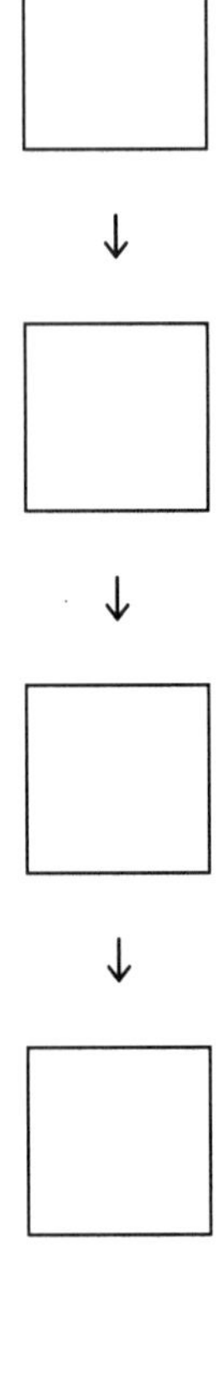

❹

ア「確かに、あっという間だった。うまくできたのも、練習のおかげだね。」

イ「緊張したけど、本番が始まったらあっという間だったね。」

ウ「あー、やっと終わった。緊張したなあ。」

エ「半年ぐらい練習したんじゃないかな。」

オ「長い時間練習したもんね。どれくらいだっけ？」

□ → □ → □ → □

9 会話の間違いをなおす

1 次の会話の下線部を訂正して、正しい言葉を ［　　］ に書きましょう。

❶ 金田さんは、朝起きた時に体調が悪かったので、会社へ電話しました。

「すみません、体調が悪いので今日は休まさせていただきます。」

［　　　　　　　　　　］

❷ 「昨日からずっと頭痛が痛いんだ。」

［　　　　　　　　　　］

❸ 「宿題は予定通り終わりそう？」

「全然できていないよ。だから締め切りまでまだ 3 日ある。」

［　　　　　　　　　　］

❹ 「アルバイトの人は集まりましたか？」

「いえ、まだ人が足りないので応募する必要があります。」

［　　　　　　　　　　］

2 次の文章の下線部が正しければ［　　　］に○を、間違っていれば正しく書きなおしましょう。

長い連休が終わって、今日は❶久しぶりが友だちと話した。
「お休みの間、何してた？」
「天気が悪かったし、家で本を読んでたよ。このあいだ直木賞❷の受賞した本は読んだ？」と友だちが聞いてきた。私もその本を読んだ❸とはいえ、「最高に面白かったよ。」と伝えると、友だちはとてもうれしそうな顔をした。彼がこんなに感情を❹表すのはめずらしい。

❶

❷

❸

❹

10 意見か事実か

1 次の文章と会話を読んで、問題に答えましょう。

合唱部の部長と、副部長のAさんが、発表会のピアノ伴奏について話しています。高橋くんに伴奏を引き受けてもらえるかどうかを、Aさんが聞いて報告することになっていました。

部長　「高橋くんは、ピアノの伴奏を引き受けてくれた？」
Aさん　「うん、大丈夫だと思うよ。」
部長　「そう、良かった。じゃあ伴奏は高橋くんで決まりでいいね。」
Aさん　「いや、決まりかどうかは、、、。」
部長　「どっちなの？」
Aさん　「高橋くん忙しそうだから、練習時間が足りないんじゃないかな。」
部長　「ふうん。高橋くんがそう言ってたの？」
Aさん　「言ってないけど、うわさによると、最近塾に通っているらしいよ。」

❶ 会話を読んで、事実であるもの全てに○をしましょう。

ア　高橋くんはピアノの伴奏を引き受けてくれた

イ　高橋くんは忙しくてピアノの練習時間が取れない

ウ　高橋くんは最近塾に通っている

❷ Aさんはどんなことに気をつけて報告すればよかったでしょうか。
正しいと思うもの全てに○をしましょう。

ア　高橋くんが実際に言っていたことを報告すればよかった

イ　自信を持って「引き受けてくれた」と報告すればよかった

ウ　「はっきりとは回答をもらっていない」と報告すればよかった

エ　「引き受けてくれなかった」とはっきり報告すればよかった

2 次の文章を読んで、意見・感想、伝聞、事実のどれかを選び、（　）内に○をつけましょう。

❶ 野球部の練習が大変なので、続けるかどうか迷っている。

（　　）意見・感想　　（　　）伝聞　　（　　）事実

❷ 明日から、二学期が始まる。

（　　）意見・感想　　（　　）伝聞　　（　　）事実

❸ 佐藤さんは、夏休み中に転校してしまうらしい。

（　　）意見・感想　　（　　）伝聞　　（　　）事実

❹ 私は野球部に入って野球をしている。

（　　）意見・感想　　（　　）伝聞　　（　　）事実

声に出して読んでみよう

言葉や文章は、ときどき声に出して読んでみましょう。意味は分かっていたけど、正しい読み方がわからない漢字に気づくことができます。また、声に出すことで感情や情景がより伝わってくる表現もあります。

音読をすることで、滑舌もよくなり、スピーチや発表などの場で活かすこともできるでしょう。

文章以外にも、歌を歌うのもいいでしょう。また、ラップには言葉で韻を踏むという楽しさもあります。テンポよく韻を踏んだ言葉をかまずにラップするのも、日本語の新しい楽しみ方かもしれません。

それから、子供のころ遊んだ早口言葉をしてみるのもいいでしょう。面白い発見があるかもしれません。よくある長い早口言葉以外に、短いけど続けて何度も言うのは難しい言葉もあります。時間のある時に声に出して遊んでみましょう。

短いけど続けて言いにくい早口言葉

- 手術中
- あぶりカルビ
- 著作者

あぶりカルビ
あぶりかぶり
あるびかぶり、、、

2

聞(き)く・話(はな)すの応用(おうよう)

1　何について話している？

1 次の会話を読んで問題に答えましょう。

❶

「この間の素敵な人、その後どうしたの？」
「特に何もないんだけど、、、。」
「まだデートとか誘ってないの？」
「うーん、向こうから言ってくれると助かるなあ。」

「向こう」が指しているのは、どれでしょうか。

ア　遠くの方
イ　この間の素敵な人
ウ　この会話にはまだ出てきていない

❷

「このカードに、『20 ポイントで景品と交換できる』って書いてあるよね。」
「うん。すごいね、全部たまっているね。」
「そうなんだけど、うっかり忘れてて期限が1日過ぎちゃったんだよ。」
「残念だけど、、、よくある話だね。」

「よくある話」が指しているのは、どれでしょうか。

ア　ポイントがたまると景品と交換してもらえること
イ　ポイントが全部たまったこと
ウ　期限をうっかり忘れてしまうこと

❸

「うーん、やっぱりだめかな。」

「そうみたいだね。」

「うまくいけば勝てると思ったんだけどね。」

「相手は今のチャンピオンだからね。」

「そうみたい」が指しているのは、どれでしょうか。

ア　チャンピオンが負けそうなこと

イ　チャンピオンに負けそうなこと

ウ　テレビがうつらないこと

❹

「あっという間に真っ暗だね。」

「日が暮れるのも早くなったね。」

「そうだね。ついこの間までTシャツ1枚でも暑かったのに。」

「そういう季節になったんだね。」

「そういう季節」が指しているのは、どれでしょうか。

ア　夏

イ　秋

ウ　春

2 相手の気持ちを考える

1 次の会話を読んで、問題に答えましょう。

ヒロト君

お母さんの誕生日だからケーキを作ったんだけど、
失敗しちゃった。分量を間違えたのかな。

とってもおいしいわよ。お母さん嬉しいわ。

お母さん

❶ ヒロト君は上手にケーキを作れましたか。

ア　作れた　　イ　作れなかった　　ウ　どちらとも言えない

❷ お母さんが言ったことは本当でしょうか。

ア　本当　　イ　うそ　　ウ　半分は本当で半分はうそ

❸ お母さんが「おいしい」と言ったのはなぜでしょうか。

2 次の文章を読んで、問題に答えましょう。

サチエさんは、シラサギ駅にある取引先での用事を終えて、会社へ戻るところでした。駅につくと、電車が予定時刻に到着しないというアナウンスが聞こえました。

仕方がないので、ホームのベンチに座りスマホのゲームをして時間をつぶすことにしました。気がつくと30分も時間が経っていました。電車はまだ来ないので、サチエさんはまたゲームをすることにしました。

❶ あなたがサチエさんの立場なら、どうしますか。

ア　ずっとベンチに座っていると迷惑なので、外へ出て喫茶店に入る。
イ　会社の人が心配しているかもしれないので、電話をして説明する。
ウ　ゲームをするよりも、英語の勉強など役に立ちそうなとをする。

❷ 電車がいつ来るかを知るために、どうしたらよいでしょうか。

3 次の会話を読んで、問題に答えましょう。

❶
A「あれ、私の時計壊れてる。ここを通った時にふんだでしょ。」
B「そんなところに置いている方が悪いじゃないか。」

Aさんはどんな気持ちになったでしょうか。

時計壊したでしょ!
こんなところに
置いてる方が悪い!

❷
B「久しぶりに同窓会を開きたいな。」
A「いいね。みんなに会いたいね。」
B「いまちょっと忙しいからさ、幹事をやってもらえるかな。」
A「ごめん、ぼくも部活と試験が忙しくて時間がないんだよ。」
B「えー、いいじゃん。忙しくても空いている時間はあるでしょ。
けちだなあ。」

Aさんはどんな気持ちになったでしょうか。

❸

B「明日から新しいドラマはじまるんだよ。」

A「いや、テレビ見ないんだ。ドラマとかつまんないでしょ。」

B「そうかな。もうすぐ夏休みだから楽しみだな。」

A「でも夏は暑いからね。どこに行っても人は多いし。」

B「この餃子おいしかったね。お代わりもらおうかな。」

A「いや、でも味は普通だし、これで 500 円は高いよ。」

二人の会話を読んで、どう思いましたか。

❹

B「もうすぐ年末だから、昨日は家族みんなで大掃除してたんだよ。」

A「えらいね。うちは家が広いから、掃除の業者さんを呼んでるんだよ。お金がかかって大変なんだよね。」

B「それは大変だね。年末年始は家でゆっくりすごそうかな。」

A「せっかくの休みなんだし、家にいてもしょうがないでしょ。うちは今年も海外旅行に行く予定なんだ。」

二人の会話を読んで、どう思いましたか。

3 伝えたいことをまとめる

1 次のスピーチ原稿を読んで、問題に答えましょう。

私は、冬は寒くて外に出るのはいやですが、雪が降ったり、クリスマスがあってとても好きです。一番いいのは春です。桜が咲いて、新しい学年になったり、新しい学校に入ったり、いい季節です。日本の良さは四季があるところです。春は友だちとの別れもあります。北海道に行った時は、寒さにびっくりしましたが、雪景色がきれいでした。海で遊ぶのも好きです。泳いだりバーベキューをしたり、、、でも暑すぎると大変です。

今年の秋は長い連休があるので、家族でどこかへでかけたいです。紅葉がきれいで、ご飯もおいしい秋は、私の好きな季節です。

❶ このスピーチは、残念ながら「わかりにくい」と不評でした。

なぜ「わかりにくい」のでしょうか。

伝えたいことをまとめて、スピーチの構成を考えましょう。

一番伝えたいのは、どこですか？

いろいろな季節があって、違いが楽しめることです！

原稿を「始め」「中」「終わり」の３つに分けて作ると分かりやすくなります。

始め

これから何について話すのかをのべる

私が思う、日本の良いところについて話します。

中

具体的なポイントや例をあげる

春→桜がきれい、新しい学年や新しい学校になる

夏→泳いだり、バーベキューをしたり、海で遊べる

秋→紅葉がきれい、ご飯がおいしい

冬→雪景色がきれい、クリスマスがある

終わり

結論をのべる

日本には四季があるから、いろいろな季節が楽しめる。

それぞれの季節に良さがあり、違いが楽しめるのが好きです。

4 論理的に考える

1 次の文章を1から順に読み、3番目の結論が合っているなら○、合っていない場合があるなら×を囲みましょう。また、×の場合はその理由を書きましょう。

❶

1．マグロは、寿司のネタである。

2．私は、寿司が好きだ。

3．私は、マグロが好きだ。

❷

1．パンダは動物である。

2．全ての動物には、寿命がある。

3．パンダには、寿命がある。

○　・　×

2 次の会話を読んで、問題に答えましょう。

月曜日のテストが90点以上だったらマンガを買ってあげる。

テスト後、、、

やった！マンガを買ってもらえた！ありがとう。

❶ 正しいもの全てに◯をつけましょう。

（　　　）月曜日のテストで90点を取ることができた。

（　　　）月曜日のテストでよい点を取ることはできなかった。

（　　　）火曜日のテストで95点を取ることができた。

3 次の文章と会話を読んで、問題に答えましょう。

おにぎりセット

鮭・ツナマヨ・梅の中から2つ選んでください。

おじさん、鮭と梅ちょうだい！

ごめんね、梅はちょうど売り切れちゃったんだ。

❶ 今、おにぎりセットで選べるもの全てに◯をつけましょう。

（　　　）鮭と梅　（　　　）鮭とツナマヨ　（　　　）梅とツナマヨ

5 話し合い

1 下は、社会科の授業で行われた、ゴミ問題についての話し合いの一部です。読んで問題に答えましょう。

Aさん

ゴミが増え続けているせいで、環境に影響が出ているけど、みんな何かしていますか？

Bさん

私は、スーパーで買い物するときは、レジ袋をもらわないようにしています。

Cさん

でも、それ位で効果あるのかな？

Dさん

何もしないよりはいいと思うし、私は賛成です。

Cさん

うちではゴミの分別をちゃんとしています。アルミ缶やペットボトルは資源として再利用できるからです。

Bさん

そういえば、お母さんは古着を売りに出してるけど、それも同じなのかな。

Aさん

うん、ある意味同じだと思います。

❶ D さんは、誰のどんな意見に賛成していますか。

❷ レジ袋をもらわないことに疑問を持っているのは、誰でしょうか。

❸ A さんは、「ある意味同じだと思います」と発言しました。何と何が、どういう意味で同じだと思ったのでしょうか。

6 反論する

1 次の意見を読み、反対の立場に立って、意見を書きましょう。

テーマ：ペットを飼うなら犬か猫か

私は、ペットを飼うなら犬がいいです。名前を呼んだら来てくれるし、一緒に散歩したりボールで遊んだりできます。猫はマイペースだからつまらないと思います。

2 次の意見を読み、別の立場に立って、意見を書きましょう。

テーマ：仕事選びの基準はお金だ

仕事を選ぶ時に、一番大切な基準はお金だと思います。
お金があれば、食べたいものを買ったり、ゲームに課金したり、好きなマンガを買うこともできます。
せっかく自分の時間を使って仕事をするのだから、なるべくたくさんお金をもらえる仕事につきたいと思います。

別の立場に立つヒントになるキーワード
向き不向き、やりがい、忙しさ、体調、人間関係など

7 発表する

■1 下の発表原稿を読んで、左ページの問題に答えましょう。

私の好きな四字熟語は、『初志貫徹』です。

なぜなら、自分でやろうと思って始めたことを、途中で投げ出さずにやることで、あきらめない気持ちができるからです。私は野球部の3年間で結局レギュラーにはなれませんでしたが、やめないで厳しい練習を頑張ったことが、自信につながっています。

たとえば今後、勉強や資格や仕事などでつまずいた時にも、最初の志を忘れずに頑張った経験が活かされると思います。

だから、私は『初志貫徹』という四字熟語が好きです。

❶ 下線部の言葉は、どんな目的で使われているでしょうか。上の言葉と、下の目的を線で結びましょう。

なぜなら　　たとえば　　だから

・　　・　　・

・　　・　　・

結論を言う　　理由を説明する　　例をあげる

2 発表する時は、どんなことに気をつけたらよいでしょうか。□にあてはまる言葉を、後ろの□から選んで記号を書きましょう。

❶ □を読むことに集中しすぎると、ずっと下を向いてしまうので、時々□の目を見て話す。

❷「ポイントは 3 つあります」など□を使って話すとわかりやすい。

❸ 聞き取りやすいように、□はっきりと話す。

❹ 言葉だけでは伝わりにくい場合は、写真や□、表などを使うとわかりやすい。

ア　カタカナ言葉　　イ　聞いている人　　ウ　数字
エ　ゆっくり　　オ　原稿　　カ　早口で　　キ　グラフ

伝わるのは、言葉だけじゃない

人に何かを伝える時に使うのが、言葉です。言葉をつないで文章にすることで、起きたことや見たこと、思ったことなどを伝えることができます。

しかし、言葉や文章の内容以外にも人に伝わるものがあります。たとえば、表情です。同じことを言っても、笑顔で言っているのか、ムスッとした表情なのか、つまらなそうなのかで、受け取る側の感じ方も変わります。

また、身振り手振りで相手に伝えることもできます。「たて35cm、よこ22cmの箱に～」という説明よりも、「これぐらいの大きさの箱に～」と、手で四角を作る方が伝わりやすい場面もありますね。また、向こうの方、あっちの方といった方角を指差すこともできます。

体を使って身振り手振りで相手に伝えることを、英語では「ボディランゲージ」といいます。ボディ＝体、ランゲージ＝言葉、という意味です。

私たちは、表情やボディランゲージといった、言葉以外の方法でも、相手とコミュニケーションをとっていることを覚えておきましょう。

3

日常場面の聞く・話す

1 待ち合わせ

1 下の会話を読んで、問題に答えましょう。

Aさんは友だちのBさんと遊びに行く約束をして、待ち合わせをしていました。でもBさんが来たのは15分後。Aさんは「遅い！」と大声で怒り出しました。

❶ Aさんが怒り始めた時、Bさんはどんな気持ちになったと思いますか。

❷ Bさんは、遅れそうだと分かった時にどうすればよかったでしょうか。

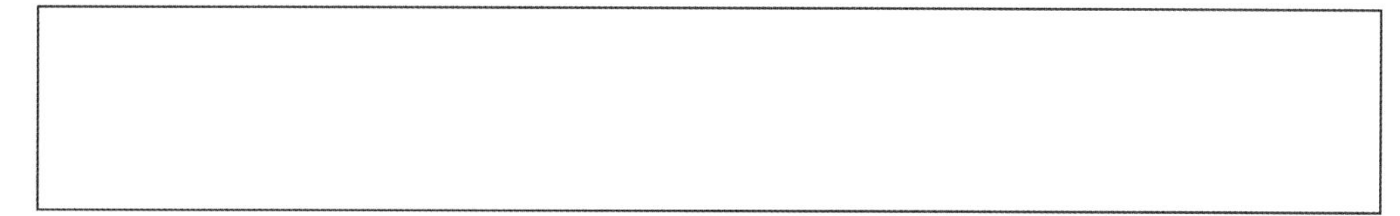

❸ Aさんは、大声で怒る代わりに、なんと言えば良かったでしょうか。

この本も参考に☞ ひとりだちするためのトラブル対策

2 下の会話を読んで、問題に答えましょう。

週末に友だち何人かでご飯を食べる予定について、電話で話しています。

週末どうするか、今日決めないとね。みんなへの連絡とか。

お店は予約をした方がいいかな。

そうだね、週末だから混みそうだし。

予約はした方がいいね。

じゃあ、そういうことで。

うん、よろしくー。

❶ 二人の会話の問題点はどんなことでしょうか。

2 道案内

1 地図を片手に、困っている人がいます。声をかけてみましょう。

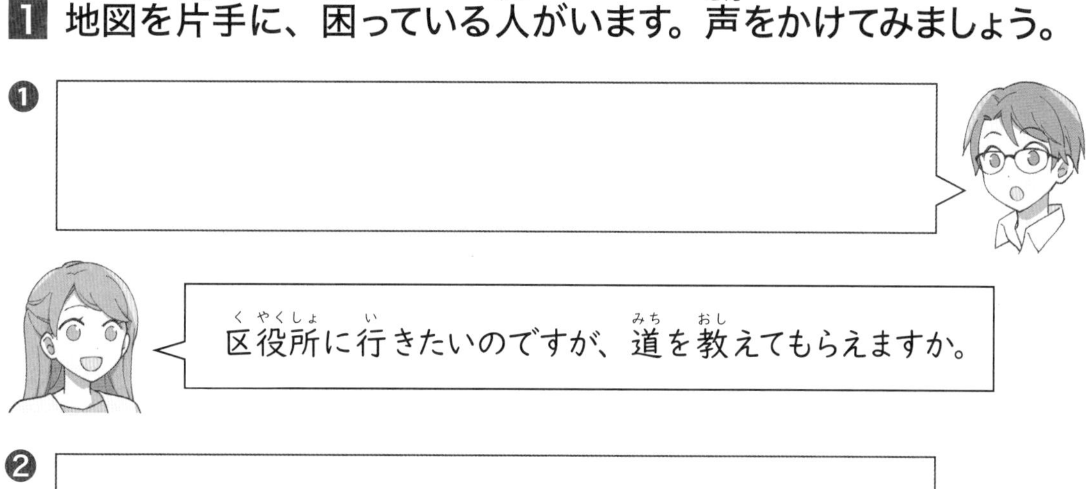

❶
区役所に行きたいのですが、道を教えてもらえますか。

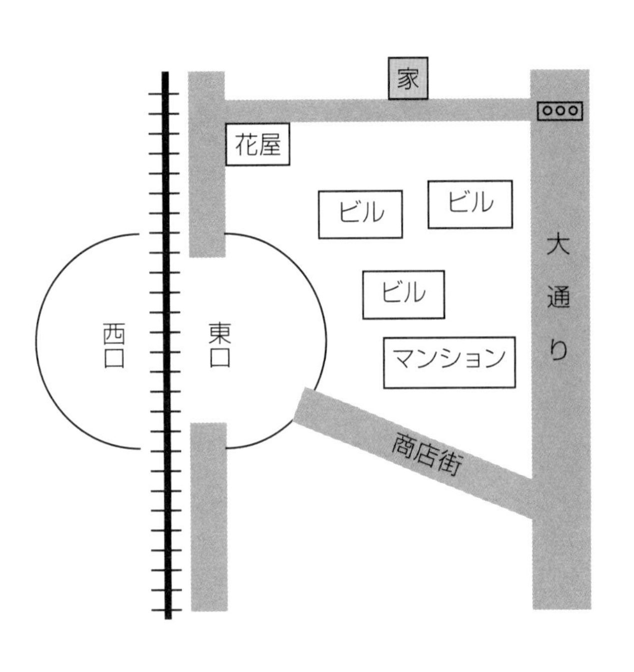

2 家(いえ)に遊(あそ)びに来(く)る友(とも)だちから電話(でんわ)がかかってきました。

ごめん、スマホの電池(でんち)が切(き)れちゃいそうなんだ。
駅(えき)から家(いえ)までどうやって行(い)ったらいいか教(おし)えてくれないかな。

❶

ポイント

方角(ほうがく)については、東西南北(とうざいなんぼく)よりも、進(すす)む方向(ほうこう)に対(たい)して右(みぎ)、左(ひだり)、まっすぐと伝(つた)えたほうがわかりやすい時(とき)もあります。

3 レストランでご飯を食べる

1 次の問題に答えましょう。

❶ 席に着いたあと、なかなかお水が出てきませんでした。店員さんになんて言いますか。

❷ お水を持ってきてくれた店員さんになんて言いますか？

❸ おはしを落としてしまいました。店員さんになんて言いますか？

4 買い物をする

1 次の問題に答えましょう。

こちらの 98,000 円のパソコンですが、インターネット回線をお申し込みいただくと 55,000 円のキャッシュバックがあります。また携帯電話も変更していただくと、さらに 10,000 円のキャッシュバックがあります。

❶ 全てに申し込むとパソコンは実質いくらで購入できるでしょうか？

❷ お金はありますが、よく分からない点もあります。なんと答えますか。

5 電話で状況を説明する

1 上の部屋の様子について、電話で聞かれたことに答えましょう。

❶ 

部屋には何がありますか。教えてください。

❷

本棚に本はどれくらい入っていますか。また、テーブルの上の本は入りそうですか。

❸

テレビと本棚はどちらが奥にありますか。

❹

ソファの横にテレビを置けそうですか。

ポイント

電話で話す時は、位置関係を示す言葉に気をつけましょう。「窓から向かって右側・左側」「ソファの反対側」など、どこから見た位置なのかを付け加えると分かりやすくなります。

6 人物の特ちょうを説明する

怪しい人を見かけたあなたは、警察官からその人の特ちょうを聞かれました。

1 上のイラストを見て、問題に答えましょう。

❶

どんな人だったか、特ちょうを教えてください。

2 下(した)のイラストを見(み)て、問題(もんだい)に答(こた)えましょう。

Hello ! I'm Nina
Nice to meet you
えーと、
サ、サンキュー

家族(かぞく)がでかけている時(とき)に、家(いえ)にたずねてきた人(ひと)がいました。

❶

さっきたずねてきた人、どんな人だった？

昔(むかし)お父(とお)さんが仕事(しごと)でお世話(せわ)したニーナさんだわ。
そういえば日本(にほん)に来(く)る予定(よてい)だって言(い)ってたわ。

声の大きさに気をつけよう

みなさんは、自分の声の大きさについてふだんから気をつけているでしょうか。

「大きな声でハッキリと」話すことは良いことです。自己紹介やスピーチ、面接などではそのように話すことが大切です。しかし、エレベーターや図書館など、他人もいる静かな場所では、小さい声で話す必要があります。

同じ「こんにちは」というあいさつでも、道で会った時なのか、電車の中なのか、美術館なのか、といった場面により声の大きさを変えるように気をつけましょう。

社会人になると、電話をかける機会も増えると思います。電話での声の大きさは、小さすぎると相手に聞こえません。逆に、大きすぎると相手がびっくりしますし、自分の周囲にも迷惑をかけてしまいます。隣にいる人に話すくらいの大きさの声で、はっきりと分かりやすく話すと、ちょうどよいでしょう。

また、電話での声はふだんより低くなりがちです。そのため、少し高い声を意識すると相手に聞こえやすくなるので、試してみましょう。

4

仕事場面の聞く・話す

この本も参考に☞　ひとりだちするためのビジネスマナー＆コミュニケーション

1 あいさつ・面接

1 職場でのあいさつです。[　　　]にあてはまる言葉を書きましょう。

❶ 出社した時

[　　　　　　　　　　]

❷ 外出する時

[　　　　　　　　　　]

❸ 外出から戻ってきた時

[　　　　　　　　　　]

❹ 先に退社する時

[　　　　　　　　　　]

❺ 退社する人に声をかけましょう。

[　　　　　　　　　　]

2 面接でのあいさつです。［　　　　］にあてはまる言葉を書きましょう。

❶ 部屋に入る時

❷ 面接官にあいさつをする時

❸ 面接が終わって帰る時

1 面接の時に気をつけることのうち、正しいものに○、間違っているものに×をつけましょう。

❶（　　　）　相手の目を見るのは失礼なので、目を合わさずに話す。

❷（　　　）　できるだけ小さい声で話す。

❸（　　　）　はっきりとわかりやすい言葉で話す。

❹（　　　）　聞き取れない時は、「もう一度お願いします」と言って良い。

2 職場での会話

1 職場での会話や態度についての問題です。

❶ 次の文を読み、正しいものには○を、間違っているものには×を（　）に書きましょう。

（　　　）上司が背を向けている時に用がある場合は、肩を軽くたたいて気づいてもらう。

（　　　）ミスをして怒られている時は、途中で口をはさまない。

（　　　）会社に入って親しくなったのに、いつまでも上司に敬語を使うのは失礼だ。

（　　　）話を聞いている時に、疲れたら足を組んでも良い。

（　　　）上司が不在の時に重要な問い合わせがあったら、自分が代わりに判断して答える。

2 取引先から電話がかかってきました。担当の山田さんは不在だと伝えたところ、折返しの電話を頼まれした。

それでは、折返しお電話を頂けますか。
○×産業の佐藤です。電話番号は□□□～

❶ どのように対応したらよいでしょうか。

3 仕事におけるコミュニケーションの基本は「報連相」といわれています。報連相とはなんの略でしょうか。

報		仕事の進み具合や結果などの状況を伝えること。
連		会議で決まったことや、予定の変更などを伝えること。
相		自分では決定や判断ができないことなどについて、上司や同僚と話し合ったり、意見を聞くこと。

3 クッション言葉

1 下の会話を読んで、問題に答えましょう。

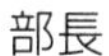

今日までにお願いしていた資料はできていますか？

まだです。明日提出します。

❶ Aさんは、聞かれたことに対して事実を答えています。ですが、部長はAさんからそっけない印象を受けました。なぜでしょうか。

Aさんは事実を答えていますが、約束していた資料ができていなかったことへの反省や謝罪の気持ちが、部長に伝わりませんでした。

❶ Aさんの会話の頭に、反省や謝罪の気持ちを足してみましょう。

今日までにお願いした資料はできていますか？

［　　　　　　　　　　］、まだできていません。ですが、明日には完成したものを提出します。

クッション言葉

事実だけをストレートに伝えると、悪い印象を与えてしまうことがあります。それをやわらげる働きをもつ言葉を、クッション言葉といいます。クッション言葉を使うと、相手への気持ちや配慮、思いやりなどを伝えることができ、言いにくいことも伝えやすくなります。

●「言いにくいこと」にはどんなことがあるか、考えてみましょう。

例：質問を聞き返す、相手の名前を確認したい、など

2 次の会話の□にあてはまる言葉を、後ろの［　　］から選んで記号を書きましょう。

❶ 取引先と、電話で確認をしています。

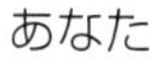

あなた：今回進めている案件について、□、詳細を確認させてもらえますか。

取引先：A 案で進めたいと思っています。次の打ち合わせは 5 月 15 日が希望ですが、いかがでしょうか？

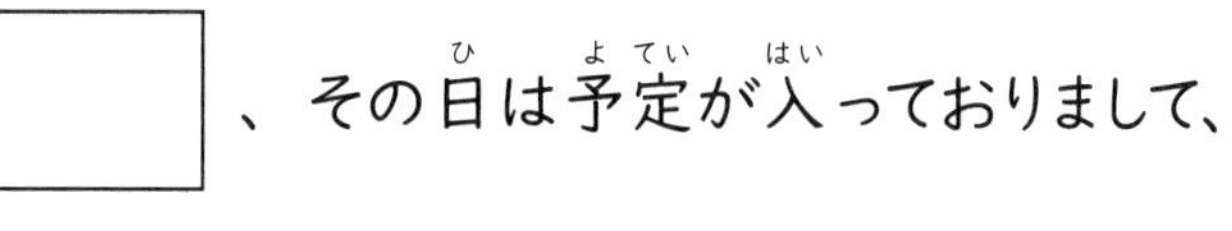

あなた：□、その日は予定が入っておりまして、16 日か 17 日はいかがでしょうか。

取引先：そうですか。では、17 日にしましょう。御社に伺えばよろしいでしょうか。

あなた：はい。□、よろしくお願いいたします。

ア　恐れ入りますが	イ　ご足労をおかけいたしますが
ウ　あいにくですが	エ　ご心配かもしれませんが

3 次の会話の［　　］にあてはまる言葉を、後ろの［　　］から選んで記号を書きましょう。

❶ 病院で、待ち時間の長い患者さんが受付にたずねています。

患者さん：すみません、私の順番はまだですか？

受付：［　　］、あと 10 分ほどお待ちいただくことになります。

❷ 患者さんに、受付用紙への記入をお願いします。

受付：［　　］、こちらの受付用紙にお名前をご記入ください。

❸ 患者さんから質問を受けています。

患者さん：今日は、佐藤先生はいらっしゃいますか？

受付：［　　］、佐藤は終日外出しております。

ア　申し訳ございませんが　　イ　お手数おかけしますが

ウ　お言葉を返すようですが　　エ　あいにくですが

4 職場の会話とマナー1

1 次の文章を読んで、問題に答えましょう。

Aさんが職場に到着するのはいつも始業時間のギリギリでした。また、週に1～2度、遅刻して来る日もありました。

上司からもう少し早く会社に着くようにと注意されると、Aさんは、「はい」と返事をしました。しかし、翌日になると、Aさんはまた遅刻をしてきました。そしてAさんはあせった様子もなく、仕事を始めました。

❶ 上司や周りの人は、Aさんに対してどう思うでしょうか。

❷ 上司がAさんに話を聞くと、「遅刻した分は給料からお金をひかれているし、仕事はちゃんと終わらせるのだから問題ない。」と思っていることが分かりました。もし、あなたが上司ならば、Aさんについてどんなことを言いますか。あてはまる記号に○をつけましょう。

ア　今は少しの遅れだけど、いつか大きな失敗につながる。

イ　自分勝手な行動をしていると、困ったときに周りの人に助けてもらえないかもしれない。

ウ　給料からお金をひかれるから遅刻して良いわけではない。

❸「Aさんはあせった様子もなく、仕事を始めました。」とあります。Aさんはどんな風に謝罪すればよかったでしょうか。

やむをえない事情のない遅刻を繰り返すと、解雇される要因になることもあります。無断欠勤はもってのほかです。やむをえず欠勤・遅刻をする場合は、必ず連絡を入れましょう。

5 職場の会話とマナー2

1 次の文章を読んで、問題に答えましょう。

パソコンで入力作業をしていたAさん。分からないことがあるのか、しばらく入力する手が止まっていました。見かねた先輩が「何か分からないことがありますか?」と聞き、教えてあげました。Aさんは「あー、そっか。」と言い、また作業に戻りました。

❶ 教えてあげた先輩は、Aさんに対してどう思うでしょうか。

職場の人が分からないことを教えてくれたり、作業を手伝ってくれたりした時は、きちんと感謝の気持ちを伝えましょう。

❷ Aさんはなんと言えば良かったでしょうか。

❸「ありがとう」の他に感謝の気持ちを伝える言葉をあげてみましょう。口に出す以外にも、メールなどで感謝を伝える時にも役に立ちます。

感謝についてのことわざや四字熟語を教えてください。

「一宿一飯」という言葉があります。旅先で、一晩泊めてもらったり、食事を恵んでもらったりして、他人の世話になることです。一宿は一晩泊めてもらうこと。一飯は一回の食事をごちそうになること。「一宿一飯の恩義」という使い方をします。何かしてもらったことは忘れてはいけない、という意味です。

6 職場の会話とマナー3

1 次の文章を読んで、問題に答えましょう。

Aさんは、上司から明日の作業手順について指示を受けていました。返事もなくただ聞いているAさんに、最後に「分かりましたか?」と上司は聞きました。「はい。」とAさんは返事をしました。次の日になると、Aさんは、上司が指示した手順とは違う作業をしていました。

❶ 上司はAさんに対して、どう思うでしょうか。

❷ 指示を受けたAさんは、どうすればよかったでしょうか。正しいと思うもの全てに◯をしましょう。

ア　説明されていることをメモに取る。

イ　説明の途中でも分からなければどんどん質問する。

ウ　多少分からなくてもいいので、まずは自分の力でやってみる。

エ　よそ見をせずに、きちんと聞く。

オ　分からないことがあれば、説明の後に聞く。

カ　「◯時までに◯◯をすればよろしいですね。」など確認をする。

指示の受け方の基本

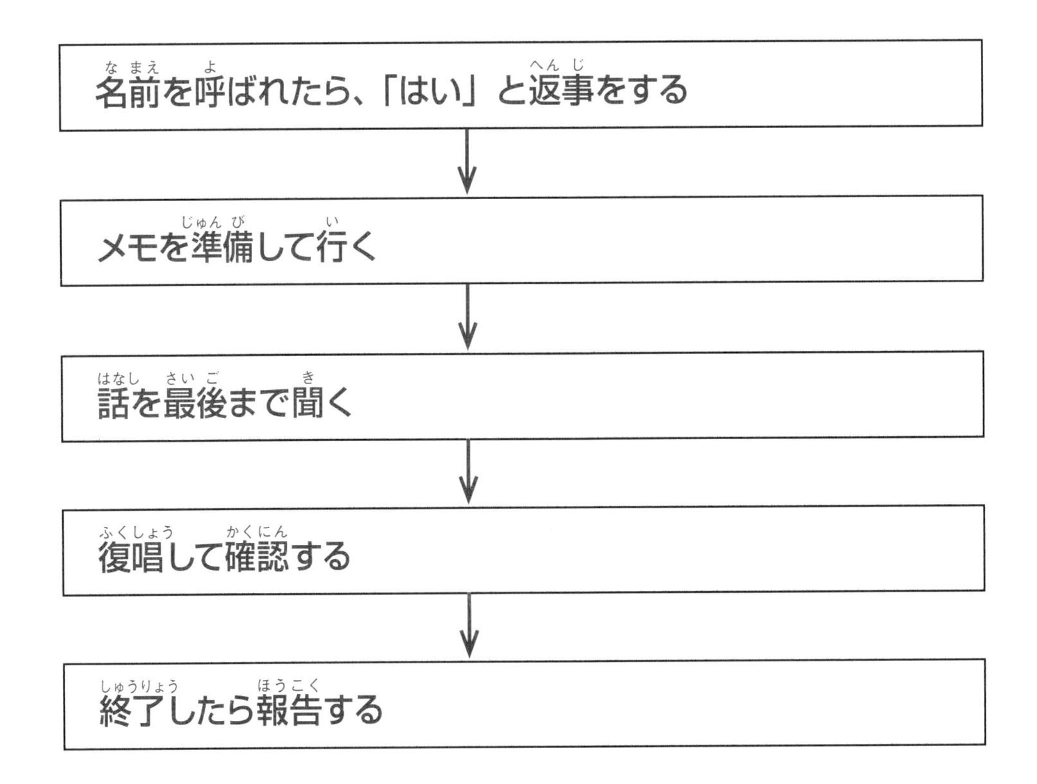

名前を呼ばれたら、「はい」と返事をする
メモを準備して行く
話を最後まで聞く
復唱して確認する
終了したら報告する

7 職場の会話とマナー 4

1 次の文章を読んで、問題に答えましょう。

Aさんは、書類を渡す時に、突然私の机に書類だけ置いて、そのまま自分の席に帰ります。また、会議をしている部屋にもノックをせずに突然入ってくることがあります。

職場の仲間に仕事をお願いする時も、「今日は早退するので、これをやっておいて下さい。」と言い、返事も聞かずに帰ってしまいました。

❶ 上司や職場の仲間は、Aさんに対してどう思うでしょうか。

❷ Aさんは、どんなことに気をつければよかったでしょうか。正しいと思うもの全てに○をしましょう。

ア　書類を渡す前に、「すみません」とひと声かける。

イ　部屋に入る前にノックをする。

ウ　なぜ仕事をお願いするのか、事情を説明する。

エ　一方的に仕事をおしつけず、きちんと相手の返事を聞く。

職場で役立つクッション言葉

お願いする時

・もし可能でしたら

・お忙しいところすみません

・ご都合がよろしければ

・ご面倒でなければ

断る時

・申し訳ありませんが

・あいにくですが

・せっかくですが

・お気持ちはありがたいのですが

聞く時

・おたずねしたいのですが

・差し支えなければ

・よろしければ

反論する時

・お言葉を返すようですが

・申し上げにくいのですが

ポイント

60 ～ 63 ページのクッション言葉も参考にしよう。

相手との距離感に気をつけよう

人は、それぞれパーソナルスペースという空間を持っています。これは、他人に侵入されると不快に感じる空間のことです。目に見える標識やロープがあるわけではありません。また、人によって広さが違い、相手との関係性によっても距離が変わってきます。

たとえば、混んでいる電車なら多少近くに人がいることが平気でも、空いている車内で自分のすぐとなりに人がいると、違和感を感じると思います。またエレベーター内に自分と他人の2人しかいない場合は、自然と互いに離れた位置に立っているのではないでしょうか。

いま挙げたのは、他人との距離についての例ですが、知っている人との距離感にも気をつける必要があります。

話し相手には、顔と顔を近づけすぎないようにし、会社など仕事の場面では1mちょっと距離を取るのが良いでしょう。また、後ろから声をかける時は、真後ろに立たれると驚いたり不快に感じてしまうので、少し離れた所から声をかけるなど、空間に気をつけてみましょう。

パーソナルスペースは、年齢、性別、国民性、相手との関係など、個人の感覚やその場の状況によっても異なります。

解答例

解答例は、ひとりで学習する時の参考にしてください。問題によっては、ここに書いている例の他にも答えがあります。また、はっきりと正解・不正解が決まっていない問題もあります。自分の頭で、一度考えてみてから、読むようにしましょう。

p.4　1　❶おはようございます。

❷いってきます。

p.5　❸おはようございます。

❹さようなら。

❺ただいま。

❻いただきます。

❼ごちそうさまでした。

❽おやすみなさい。

p.6　2　❶こんにちは。

❷頭を下げる。会釈をする。

❸こんばんは。

❹ありがとうございます。

❺すみません。（ごめんなさい。）

p.7　3　❶お願いします。

❷ありがとうございました。

❸申し訳ありません。（申し訳ございません。すみません。）

p.8　1　❶×　❷○　❸○　❹×　❺○　❻×　❼×

p.9　1　❶イ　❷オ　❸エ

p.10　1　❶ア　❷カ　❸オ　❹エ

p.11　1　❶ア　❷ウ　❸イ　❹カ、キ

p.12　1　❶オ　❷エ　❸カ

p.13　1　❶モップみたいな　❷象みたいな　❸人間みたいな

p.14　1　❶ギターです　❷分かりましたか　❸お手紙がありますよ

p.15　1　❶いらっしゃいます　❷ご覧になります　❸おっしゃいました

❹ご参加になるそうです（ご参加なさるそうです）

p.16　1　❶うかがいます　❷いただきました

❸ご案内いたします（ご案内します）

❹拝見してよろしいでしょうか。

p.17　1　❶イ　❷カ

p.18　❶　➊ウ→イ→エ→ア

➋ウ→イ→ア

p.19　➌イ→ア→エ→オ→ウ

➍ウ→イ→ア→オ→エ

p.20　❶　➊休ませていただきます

➋頭が痛い

➌でも（だけど、とはいえ）

➍募集

p.21　❷　➊久しぶりに

➋を

➌ので

➍○

p.23　❶　➊なし　➋ア、ウ

❷　➊意見や感想　➋事実　➌伝聞　➍事実

p.26　❶　➊イ　➋ウ

p.27　➌イ　➍イ

p.28　❶　➊イ　➋ウ

➌自分のためにケーキを作ってくれたので、その行動がうれしくて「おいしい」と言った。実際に味がおいしいかどうかは問題ではなかったから。

p.29　❶　➊イ　➋ホームの案内等を確認したり、駅員さんに聞く。インターネットで調べる。

p.30　❶　➊壊したのに謝りもしないで、こちらを責めるのはおかしい。

➋Ｂさんだって時間はあるはずなのに、押し付けてきて嫌な気持ちになった。（本当に無理だから断ったのに、けちと言われて嫌な気持ちになった。）

p.31　➌Ａさんは、なんの話をしても否定から入るのでＢさんがかわいそうだと思った。

➍Ａさんは、なんとなく自慢しているように思った。

p.32　❶　❶何を伝えたいのか分かりにくい。好きな季節の話なのか、四季があることがいいのか、焦点がはっきりしていない。

p.34　❶　❶×　マグロが好きとは限らないから。

❷○

p.35　❷　❶

（ ○ ）月曜日のテストで90点を取ることができた。

（　　）月曜日のテストでよい点を取ることはできなかった。

（　　）火曜日のテストで95点を取ることができた。

❷鮭とツナマヨ

p.37　❶　❶Bさんの、レジ袋をもらわないという意見

❷Cさん

❸古着を売りに出すことと、アルミ缶やペットボトルを分別することが、いらなくなったものを再利用するという意味で同じだと思った。

p.38　❶　❶犬を飼うと、毎日散歩をしなければいけないので大変です。また、猫よりも寂しがり屋なので、長い時間家を空けられません。猫はマイペースで気まぐれなところも魅力だと思います。

p.39　❷もらえるお金が多くても、大変な仕事だと続かないと思います。お金は多い方がいいけれど、自分に向いている仕事、役に立っていると感じられる仕事など、やりがいで選ぶのもいいと思います。

p.41　❶　❶

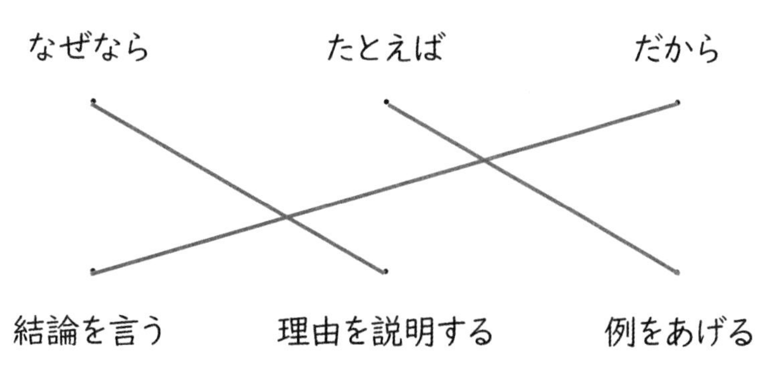

❷　❶オ　❷イ　❸ウ　❹エ　❺キ

p.44 1 ❶怒らずに、まず遅れた理由を聞いてほしい。
(連絡もせずに遅れてしまい申し訳なかった。)
❷電話やメール、LINE などで伝える。
❸遅いから心配したよ。何かあったの？
(今度から遅れるときは連絡してね。)

p.45 2 ❶どちらが予約を取るのかはっきりしていない。
みんなへの連絡もどちらがするのか決まっていない。

p.46 1 ❶こんにちは。どうしましたか。
(どうかされましたか。何かお困りですか。)
❷タワーの方へまっすぐ進んで、信号のある交差点を右に曲がってください。公園の向かいに区役所があります。

p.47 2 ❶駅についたら東口を出て、線路沿いに左手に進んでください。花屋の角を曲がって、しばらく進むと左側に家があります。
(東口を出て、商店街を突き抜けて大通りに出たら左に曲がってください。大通りをまっすぐ進んで、信号を左に曲がってください。少し歩くと、右側に家があります。)

p.48 1 ❶すみません、お水をいただけますか。
❷ありがとうございます。
❸すみません、おはしをかえていただけますか。

p.49 1 ❶ 33,000 円
❷よく分からないので、検討してまた来ます。
(よく考えたいので、パンフレットなどをもらえますか。)

p.50 1 ❶真ん中に大きなテーブルがあります。その上に、果物と本が何冊か置いてあります。入って左側にはテレビと本棚があります。入って右側にはソファがあります。ドアの向かい側に窓があります。

p.51 ❷本棚には半分くらいしか入っていないので、テーブルの上の本は入りそうです。
❸本棚が奥にあります。
❹観葉植物があるのでむずかしそうです。

p.52　❷髪が長くて、帽子をかぶって、サングラスをしていました。大きなカバンを持っていました。身長は植物とおなじくらいの高さでした。

p.53　**2**　❶アフロヘアー（大きい髪型）の外国人の女性で、ヘッドホンをかけてキャリーバッグを持っていましたた。お土産をくれました。

p.56　**1**　❶おはようございます。

❷行って参ります。

❸ただいま戻りました。

❹お先に失礼します。

❺お疲れさまでした。

p.57　**2**　❶失礼します。

❷よろしくお願いいたします。

❸ありがとうございました。

3　❶×　❷×　❸○　❹○

p.58　**1**　❶

（ ✕ ）上司が背を向けている時に用がある場合は、肩を軽くたたいて気づいてもらう。

（ ○ ）ミスをして怒られている時は、途中で口をはさまない。

（ ✕ ）会社に入って親しくなったのに、いつまでも上司に敬語を使うのは失礼だ。

（ ✕ ）話を聞いている時に、疲れたら足を組んでも良い。

（ ✕ ）上司が不在の時に重要な問い合わせがあったら、自分が代わりに判断して答える。

p.59　**2**　❶相手の会社名、名前、電話番号をメモし、復唱する。山田さんに電話があったことを伝え、メモを渡す。

3　❶

報	報告
連	連絡
相	相談

p.60 **1** ❶約束の資料ができていないのに、反省の気持ちがなかったため。

p.61 ❷申し訳ありませんが（申し訳ございませんが）

●遅刻をしてしまう、約束の期日をのばしてほしい、など

p.62 **2** ❶ア、ウ、イ

p.63 **3** ❶ア　❷イ　❸エ

p.64 **1** ❶遅刻しているのに謝らない自分勝手な人だ。

p.65 ❷ア、イ、ウ　どれもよいでしょう

❸昨日も注意されたばかりなのに遅刻してしまい、申し訳ありませんでした。明日からは遅刻しないように気をつけます。

p.66 **1** ❶教えてあげたのに、「ありがとうございます」も言えない人にはもう教えたくない。親切で教えたのに態度が悪いと思った。

p.67 ❷ありがとうございました。

（親切に教えてくださり、ありがとうございました。）

❸助かりました。嬉しいです。など

p.68 **1** ❶分かっていると言っていたのに、違う作業をしていたので、適当な態度で仕事をしていると思った。

p.69 ❶ア、エ、オ、カ

p.70 **1** ❶突然の行動が多いので、失礼だと思う。一言付け加えてくれればいいのにと思う。

p.71 ❷ア、イ、ウ、エ

参考図書

・ひとりだちするための進路学習

・ひとりだちするための調理学習

・ひとりだちするための国語

・ひとりだちするための算数・数学

・ひとりだちするためのビジネスマナー＆コミュニケーション

・ひとりだちするためのトラブル対策

・ひとりだちするためのライフキャリア教育

イラスト（表紙・本文）：スタジオ糸

ひとりだちするための国語ワーク❷ー聞く・話す編ー

2021 年 10 月 15 日　初版発行

2024 年 3 月 15 日　初版第 2 刷発行

発行所　株式会社エストディオ　出版事業部

（日本教育研究出版）

東京都目黒区上目黒 3-6-2 伊藤ビル 302

TEL 03-6303-0543　FAX 03-6303-0546

WEB http://www.estudio-japan.com

ISBN978-4-931336-39-1 C7081